Über Ruheübungen und Ruheübungs-Apparate.

Zur Psychologie und Hygiene des Denkens.

Zwei Vorträge

gehalten von

Dr. med. et phil. Leo Hirschlaff,
Nervenarzt in Berlin.

Springer-Verlag Berlin Heidelberg GmbH

ISBN 978-3-642-98563-8 ISBN 978-3-642-99378-7 (eBook)
DOI 10.1007/978-3-642-99378-7

Softcover reprint of the hardcover 1st edition 1911

Meinen Kindern

Agathe und **Ernst**

gewidmet.

Vorwort.

Die vorliegende Arbeit enthält zwei Vorträge, von denen ich den ersten: „Über Ruheübungen und Ruheübungsapparate“ am 7. Oktober 1910 auf der IV. Jahresversammlung der Gesellschaft Deutscher Nervenärzte in Berlin gehalten habe; er ist zuerst in Nr. 5 des Jahrganges 1911 der Münchener medizinischen Wochenschrift (Verlag J. F. Lehmann-München) erschienen. Der zweite Vortrag: „Zur Psychologie und Hygiene des Denkens“ ist am 1. Juni 1911 in der Psychologischen Gesellschaft zu Berlin gehalten und bereits im Band VI, Heft 2 der Zeitschrift für die gesamte Neurologie und Psychiatrie abgedruckt worden.

Beide Vorträge behandeln das Gebiet der geistigen bzw. seelischen Gesundheitspflege. In dem ersten Vortrage gebe ich eine Reihe ausführlicher Vorschriften zur Herstellung einer möglichst vollkommenen Ruhe des gesamten Organismus nebst einer Beschreibung einiger von mir zu diesem Zwecke konstruierten Apparate. Der zweite Vortrag enthält den Versuch einer programmatischen psychologischen Grundlegung der Psychotherapie, ausgehend von den Lehren der modernen Psychologie, wie sie hauptsächlich von Brentano und der Grazer Psychologenschule entwickelt worden sind. Zugleich enthält der zweite Vortrag eine Weiterführung der Anwendung des Ruheprinzips auf die gesamten Tätigkeitszustände. Die praktischen Anweisungen, die ich in beiden Vorträgen entwickele, entstammen den Erfahrungen, die ich in einer fast 15jährigen nervenärztlichen Tätigkeit gesammelt und in zahlreichen Ärztekursen meinen Zuhörern übermittelt habe. Mögen sie sich auch einem weiteren Kreise nützlich erweisen.

Der Verfasser.

kranke vor nicht langer Zeit angegeben worden. Ich erinnere an die Ruheübungen bei den verschiedensten Ticformen, die Brissaud [1]) 1893 zuerst empfohlen hat und die eine „immobilisation des mouvements“ zum Ziele haben. Eine absolute „photographische“ Unbeweglichkeit der Glieder und des Gesichtes soll hierbei für möglichst lange Zeit erstrebt werden, um die Ticbewegungen zu unterdrücken. Diese Lehre ist später von Tissié[2]), Meige und Feindel[3]), Pitres[4]), Cruchet[5]) in bekannter Weise weiter ausgebildet worden, indem zu diesen Ruheübungen gymnastische Übungen und Atembewegungen nach bestimmten Prinzipien hinzugefügt wurden.

In viel vollkommenerer Weise hat Oppenheim[6]) bereits im Jahre 1899 Ruheübungen beschrieben, die die systematische Übung in der Hemmung und Unterdrückung von Muskelbewegungen, sowie von Reflexen und Affekten zum Zwecke haben, und deren Indkationen bei weitem nicht durch die Ticerkrankungen erschöpft sind. Vielmehr ist diese „Hemmungstherapie“ mit Recht auch als allgemeine Therapie der Hysterie, der neurasthenischen Muskelunruhe, der Psychalgien und der Zwangsvorstellungen empfohlen worden.

Hiermit ist, soweit ich die Literatur kenne, die bisherige therapeutische Verwendung der Ruheübungen erschöpft. An diesen Ruheübungen ist meines Erachtens zweierlei auszusetzen. Erstens wird durch die angeführten Methoden eine wirkliche, vollständige Muskelruhe nicht erzielt. Wenn man einen Patienten veranlaßt, sei es im Sitzen oder Stehen, mit oder ohne Spiegel, die Ruhe einer „Statue“ einzunehmen, wie Dubois und Oettinger sich ausdrücken, so müssen eine ganze Reihe von Muskeln gespannt werden, um diese Haltung herzustellen und beizubehalten. Daher kann von einer wirklichen Muskelruhe hierbei keine Rede sein, auch wenn die äußeren Bewegungen eine Zeitlang mit Erfolg unterdrückt werden. Beweis: Die Übung als solche ermüdet den Patienten durch die dabei aufgewendete Muskelspannung, so daß eine Fortführung der Übung über höchstens 5—6 Minuten schädlich, ja sogar unmöglich ist.

---

[1]) Vgl. Brissaud: Leçons sur les maladies nerveuses. Paris 1895.

[2]) Vgl. Tissié: La fatigue et l'entrainement physique. Paris 1897.

[3]) Vgl. Meige et Feindel: Les Tics et leur traitement. Paris 1902.

[4]) Vgl. Pitres et Cruchet: Cinq cas de tics traités par la gymnastique respiratoire. Congr. de Grenoble, 1902. — Id.: Six nouveaux cas de tics traités par la gymnastique respiratoire. Congr. des alién. et névrol., Bruxelles, 1903.

[5]) Vgl. Cruchet: Etude critique sur le tic convulcif et son traitement gymnastique. Méthode de Brissaud et méthode de Pitres. Thèse de Bordeaux. 1901/02.

[6]) Vgl. Oppenheim: Kurze Notiz zur Übungstherapie. Therap. Monatshefte 1899. — Id.: Bemerkungen zur Lehre vom Tic. Journ. f. Psychol. u. Neurol., 1902. — Id.: Lehrbuch der Nervenheilkunde. 4. Aufl. Berlin 1905.

erforderlich noch erwünscht, daß der Patient eine möglichst tiefe, ausgiebige Atmung exekutiert, wie es z. B. Pitres in seiner „Gymnastique respiratoire" vorschlägt, da eine derartig forcierte Atmung erfahrungsgemäß häufig zu Beklemmungs- und Angstgefühlen, Herzklopfen, Schwindel u. dgl. führt. Notwendig ist nur eine etwas verlangsamte, absichtlich verzögerte, dabei aber völlig gleichmäßige und ununterbrochene Atmung, auf deren einzelne Phasen die gesamte Aufmerksamkeit des Übenden fixiert werden soll. Durch diese intensive Konzentration, die zwar auch einen geistigen Prozeß, aber keine eigentliche geistige Arbeitsleistung im engeren Sinne darstellt, zumal wenn sie dem Patienten zur mechanischen Gewohnheit geworden ist, wird ein völliges Aufhören jedes Denkens erzielt. Es ist ja bekannt, daß, solange die Aufmerksamkeit auf irgendein Objekt fixiert ist, anderweitige Bewußtseinserscheinungen keinen Raum in unserem Seelenleben haben. Während aber die Fixation der Aufmerksamkeit auf sinnliche Wahrnehmungen, z. B. optischer oder akustischer Art, zu einer außerordentlich schnellen Ermüdung der betreffenden Sinnesorgane führt, die den Zweck unserer Übungen vereiteln würde, handelt es sich bei der Atmung um ein Objekt der Konzentration, das mit keinerlei körperlichen Ermüdungserscheinungen verknüpft ist da die Atmung auch unabhängig von unserem Seelenleben jederzeit im Körper vonstatten geht; und die einfache Umwandlung eines für gewöhnlich nur dunkel bewußten, automatischen in einen hellbewußten willkürlichen Seelenakt bedingt, wie sich bei diesen Ruheübungen zeigt, keinerlei nennenswerte psychische Ermüdung.

Neben diesen Hauptgesichtspunkten kommen für die Ausführung meiner Ruheübungen noch eine Anzahl von Einzelheiten in Betracht, auf die ich hier nicht der Reihe nach eingehen will, um nicht unübersichtlich zu werden. Ich möchte mich vielmehr nach dem Gesagten darauf beschränken, die praktische Technik meiner Ruheübungen, so wie sie sich im Laufe der Jahre als zweckmäßig herausgebildet hat, im folgenden eingehender zu beschreiben und zu erläutern.

Ich habe gefunden, daß es nicht ratsam ist, den Patienten sofort mit den sämtlichen Einzelheiten der Übungen bekannt zu machen. Es gehört zur Beherrschung der mannigfachen Faktoren, die die vollständige Übung zusammensetzen, eine längere Gewöhnung, die durch systematische Einübung der einzelnen Komponenten durchschnittlich erst in 3—5 Wochen erlangt wird. Ich gebe daher den Patienten meine Vorschriften lektionsweise, indem ich in jeder folgenden Lektion den Kreis der einzuübenden Faktoren etwas erweitere und die Beherrschung der bisher gestellten Aufgaben sorgfältig kontrolliere. Dabei empfiehlt es sich, mit den einzelnen Lektionen, die durchschnittlich 2—3 mal wöchentlich erteilt werden, nicht eher fortzufahren, als bis das Vorhergehende tatsächlich fest erfaßt und angeeignet ist. Die Zeit, in welcher dies geschieht, variiert in weiten Grenzen je nach den individuellen Schwierigkeiten, die der Patient in den einzelnen Elementen der Übung findet. So komme ich denn zu folgendem Unterweisungsplan:

Lektion I.

a) Aufgabe: Patient legt sich in einem möglichst geräuschfreien Zimmer in bequemer Rückenlage auf eine Chaiselongue, schließt die Augen, atmet ruhig, langsam und gleichmäßig, ohne die Atmung irgendwie zu forcieren, und konzentriert seine ganze Aufmerksamkeit auf den Vorgang der Ein- und Ausatmung. Dauer der Übung ca. 5 Atemzüge. Wiederholung möglichst alle 1—2 Stunden am Tage.

b) Erläuterung: Die Frequenz der Atmung ist im allgemeinen ein Ausdruck der inneren Ruhe oder Unruhe eines Menschen; sie ist um so größer, je unruhiger oder nervöser der Mensch ist. Bei meinen Ruheübungen soll daher die Atmung gegenüber der gewöhnlichen Atmung etwas verlangsamt, absichtlich verzögert sein. Während die gewöhnliche Atmung eine durchschnittliche Frequenz von etwa 16 Atemzügen pro Minute aufweist, soll hier die Frequenz der Atemzüge durch allmähliche Verlangsamung bis auf 10—8—5 in der Minute reduziert werden, was leicht mit fortschreitender Gewöhnung gelingt, ohne im geringsten ein Gefühl von Lufthunger auszulösen und ohne daß die Atmungsmuskulatur dabei besonders angestrengt würde. Die Atmung soll durch die Nase erfolgen und ohne besondere Bevorzugung des abdominalen oder thorakalen Typus vonstatten gehen. Die Ein- und Ausatmung soll gleichmäßig, kontinuierlich, ohne ruckweise Unterbrechungen erfolgen. Es darf nicht innerlich gezählt werden bei den einzelnen Atemzügen; die Dauer der Übung soll nur ungefähr, schätzungsweise, auf 5 Atemzüge beschränkt werden. Die Konzentration soll eine so vollkommene sein, daß alle übrigen Eindrücke, die den Patienten umgeben, während der Zeit der Übung für ihn verschwinden, so daß die Atmung gewissermaßen zu einer feierlichen Handlung wird, auf die das ganze Interesse und die Aufmerksamkeit des Übenden konzentriert werden. Dabei soll die Luft bei jedem einzelnen Atemzuge behaglich, gleichsam wie die Blume eines köstlichen Weines, eingezogen werden.

Lektion II.

a) Aufgabe: Wiederholung der Lektion I, unter jedesmaliger Bestreichung der Oberlippe des Patienten mit Parfüm vor Beginn der Übung.

b) Erläuterung: Die Parfümbestreichung der Oberlippe des Patienten dient zur Erzielung und Versinnlichung einer intensiveren Konzentration. Patient soll so einatmen, daß er während der ganzen Dauer der Einatmung den Geruch des Parfüms im Bewußtsein hat, ohne an irgend etwas anderes zu denken.

Zweitens: Mit der Muskelruhe allein ist dem erkrankten Nervensystem nicht genügend gedient. Auch die Sinnesorgane sollten, soweit angängig, in den Bereich unserer Ruhebestrebungen gezogen werden, während die Beobachtung der Ruhe im Spiegel vielmehr eine erhebliche Anstrengung der Augen mit sich bringt. Vor allem aber müßte die geistige Ruhe, die Abwesenheit alles Denkens, planmäßig bei diesen Übungen erstrebt werden. Ist doch die geistige Ruhe, wie unschwer zu ersehen ist, für die meisten Nervösen von viel größerer Bedeutung als die bloße körperliche Ruhe.

Auf Grund derartiger Erwägungen habe ich bereits vor 15 Jahren ein System von Ruheübungen ausgearbeitet, das den oben angeregten Gesichtspunkten vollauf gerecht wird und das sich mir in dieser langen Zeit an einer großen Zahl von Patienten aller Art recht gut bewährt hat. Ich habe mich erst jetzt entschlossen, dieses Verfahren zu publizieren, nachdem ich durch die Konstruktion einiger Apparate instand gesetzt bin, das Prinzip dieser Übungen den Patienten in vollkommenster Weise zu veranschaulichen und die jeweiligen Fortschritte der Behandlung exakt zu kontrollieren.

Über die spezielle Theorie und Praxis meiner Ruheübungen will ich nun im folgenden ausführlicher berichten. Dabei beschränke ich mich aber ausdrücklich auf die Übungen der allgemeinen Ruhe, während ich über ein analoges System von gymnastischen Übungen, das ich auf Grund gleicher Prinzipien aufgebaut habe, an anderer Stelle ausführlichere Mitteilungen zu machen gedenke.

Das Prinzip meiner allgemeinen Ruheübungen, die also eine Abwesenheit möglichst jeder Tätigkeit der Körpermuskulatur, der höheren Sinnesorgane und des Geistes bezwecken, besteht 1. in einer absichtlichen Entspannung der gesamten willkürlichen Körpermuskulatur, 2. in dem möglichsten Fernhalten von äußeren Sinnesreizen, 3. in einer systematischen geistigen Konzentration.

Die absichtliche Entspannung der gesamten willkürlichen Körpermuskulatur erfordert natürlich eine liegende Körperstellung, sei es auf einer Chaiselongue oder allenfalls auf einem bequemen Lehnstuhl. Die Fernhaltung der äußeren Sinnesreize — nur die höheren Sinnesorgane können ja hierbei in Betracht kommen — geschieht einmal durch Augenschluß, sodann dadurch, daß die Übungen in einer möglichst geräuschfreien Umgebung ausgeführt werden sollen. Auf den Gebrauch von Antiphonen habe ich meistens verzichtet. Auch lernen die Patienten sehr bald, durch die intensive geistige Konzentration von den Geräuschen der Umgebung, sofern sie nicht allzu aufdringlich sind, zu abstrahieren.

Die geistige Konzentration selbst endlich wird hervorgerufen dadurch, daß der Patient sich bemüht, seine Aufmerksamkeit auf die einzelnen Phasen seiner Atmung zu konzentrieren. Dabei ist es weder

b) Erläuterung: Ebenso wie die Häufigkeit der Atmung und des Lidschlages, ist die des Schluckreflexes ein Gradmesser für die innere Ruhe oder Unruhe eines Menschen. Zumal der Neurastheniker schluckt durchschnittlich sehr häufig, offenbar weil die in der Regel verstärkte unwillkürliche Denktätigkeit zu unausgesetzten leichten Bewegungen der Sprechmuskulatur, besonders der Zunge im Munde Veranlassung gibt und dadurch ein fortwährender Reiz zur Speichelabsonderung geschaffen wird. Daß die Unruhe der Zunge die Speichelsekretion erheblich vermehrt, lehrt vielleicht am besten das Beispiel der Paralysis agitans, wo aus diesem Grunde oft ein profuser Speichelfluß beobachtet wird. Durch die absichtliche Ruhigstellung der Zunge, wie sie in Lektion VI und VII gefordert wird, soll dieser Reiz fortfallen und auf diese Weise die Speichelsekretion vermindert werden, so daß nunmehr die Notwendigkeit, den Schluckreflex zu betätigen, fortfällt. Auch hier tritt bei den ersten Versuchen eine Steigerung der Sekretion und der Reflexbewegungen ein, die aber sehr bald durch fortschreitende Übung überwunden wird.

Lektion VIII.

a) Aufgabe: Die Ruheübung ist 3mal täglich auf ca. 5 Minuten auszudehnen; die kurzen Übungen in der Zwischenzeit sind beizubehalten.

b) Erläuterung: Für die verlängerten Übungen, die in keiner Weise irgendwelche Ermüdungserscheinungen hervorrufen, empfehlen sich 1. die Zeit frühmorgens im Bett vor dem Aufstehen; 2. mittags nach dem Essen; 3. abends im Bett vor dem Einschlafen.

Lektion IX.

a) Aufgabe: Die Ruheübung ist zu passender Zeit so lange wie möglich auszudehnen, auf $^1/_2$—2 Stunden und darüber.

b) Erläuterung: Auch bei dieser Ausdehnung der Übungen kann von einer eigentlichen Ermüdung körperlicher oder geistiger Art nicht die Rede sein. Wenn es hierbei häufig zum Einschlafen kommt, so ist dieser Schlaf kein Ermüdungs-, sondern ein Reizmangelschlaf, um mit Kronthal zu sprechen; vorausgesetzt, daß nicht schon vor der Übung ein natürliches Schlafbedürfnis bestand.

Lektion X.

a) Aufgabe: Durch geringe Drehung der Augäpfel nach oben und innen ist während der Übung das Gefühl zunehmender Dunkelheit zu erzeugen.

b) Erläuterung: Diese Übung soll im allgemeinen nur bei der Bekämpfung der nervösen Schlaflosigkeit Verwendung finden. Sie führt meist direkt zum Einschlafen. Es ist dabei folgendes zu erwähnen.

Durch das Bellsche Phänomen tritt beim spontanen Einschlafen bekanntlich eine Rotation der Bulbi nach oben und innen ein, wodurch subjektiv ein Gefühl zunehmender Verdunkelung entsteht, weil hinter den geschlossenen, aber nicht völlig undurchsichtigen Augenlidern nicht mehr die Cornea, sondern die völlig lichtabschließende Sklera liegt. Diese Rotation kann auch freiwillig erzeugt werden, indem man sich vorstellt, daß die oberen Augenlider und der ganze Kopf allmählich immer schwerer werden und die Neigung bekommen, nach vorn und unten zu sinken. Jedoch sollen hierbei die Augenlider nicht etwa krampfhaft geschlossen werden, was nach der bisherigen Annahme von Bernhardt u. a. zum Zustandekommen des Bellschen Phänomens irrtümlicherweise für erforderlich gehalten wird; vielmehr genügt die vollständige Entspannung der oberen Augenlider zu diesem Zwecke. Es empfiehlt sich, durch einen einfachen Versuch den Patienten diese Erscheinung zu demonstrieren. Man hält einen ausgestreckten Finger dem vor uns sitzenden Patienten in etwas über Augenhöhe vor das Gesicht und läßt ihn einen Augenblick fixieren. Sodann läßt man, während der Patient in Gedanken den Finger weiter fixiert, die Augen schließen und nunmehr so langsam wie möglich den Kopf ein wenig nach vorn und unten senken. Dabei dreht sich gewissermaßen der Kopf um die durch die Fixation festgestellten Augen, was im Effekt auf dasselbe hinauskommt. Jedoch ist vor einer Übertreibung dieser Übung zu warnen, da sonst leicht Augen- und Kopfschmerzen entstehen.

Hiermit ist die Technik der Vorschriften, die zur Ausführung meiner Ruheübungen erforderlich sind, erschöpft. Die Vorzüge meiner Übungen wie z. B. die größere Vollständigkeit und Intensität der Ruhe, die beliebige Ausdehnbarkeit der Übungen usf. ergeben sich aus der Darstellung von selbst. Es bleibt mir nur noch übrig, auf die Apparate einzugehen, die ich zur Unterstützung meiner Übungen konstruiert habe, und deren Anwendung ich zur besseren Veranschaulichung und Kontrolle der obigen Vorschriften empfehle.

Es handelt sich um drei Apparate: das Hesychiskop, das Respirationsmetronom und das Augenkissen.

1. Das Hesychiskop. Ruheanzeiger, dient dazu, willkürliche oder unwillkürliche Bewegungen der ruhenden Person durch ein Signal zur Anzeige bringen. Es besteht aus einem Extremitätenapparat und einem Kopfapparat.

a) Der Extremitätenapparat bildet ein System von 4 Hebeln, die an einem nach allen Richtungen beweglichen Mittelstück so angebracht sind, daß ihre Endstücke auf die 4 Extremitäten aufgelegt werden können. Am besten legt man die Armhebel auf die beiden Handgelenke, die Beinhebel auf die beiden Unterschenkel unterhalb der Knie; jedoch kann die Lagerung der Endstücke auf den Extremitäten auch beliebig variiert werden. Das Mittelstück, an dem die 4 Hebel beweglich befestigt sind, trägt einen Aufsatz, in welchem innerhalb einer platinbelegten Irisblende ein Pendel schwingt, das in der Ruhe-

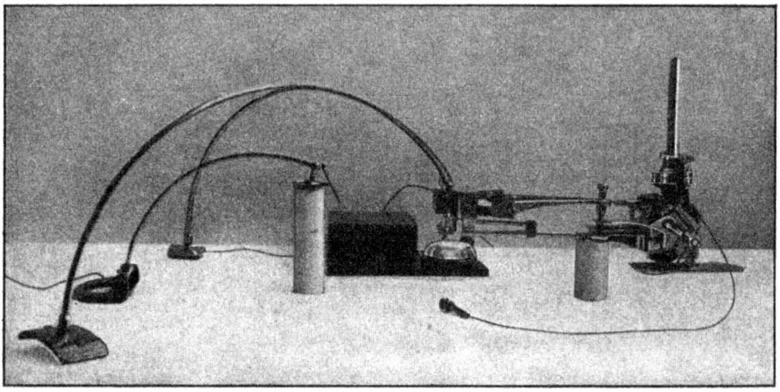

Fig. 1. Hesychiskop (Extremitäten- und Kopfapparat) mit Signalapparat.

stellung frei herabhängt, bei jeder Bewegung eines der Hebelarme aber an die Lamellen der Irisblende anschlägt. Durch jeden derartigen Anschlag wird ein Klingelsignal ausgelöst, dadurch, daß das Pendel einerseits, die Irisblende andererseits mit den beiden Polen eines kleinen

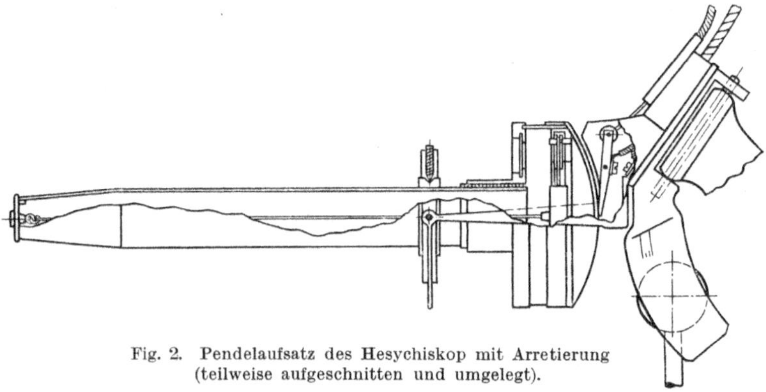

Fig. 2. Pendelaufsatz des Hesychiskop mit Arretierung (teilweise aufgeschnitten und umgelegt).

elektrischen Signalapparates leitend verbunden sind. Die Irisblende gestattet, den Ausschlag des Pendels von 1—$5^1/_2$ mm zu variieren, so daß alle Bewegungen der Extremitäten bis an die durch die Atmungserschütterungen gegebene Grenze signalisiert werden. Durch allmähliche Verkleinerung des Pendelausschlages kann man im Verlaufe der Behandlung den Fortschritten des Patienten in der Beherrschung der Ruheübungen Rechnung tragen. Um bei Beginn der Übung und bei der nach Abgabe eines Signales jedesmal erforderlichen Wiedereinstellung die Nullage des Pendels leicht herstellen zu können, ist der Aufsatz auf dem Mittelstück wie bei den nautischen Instrumenten in einem Cardanischen Gelenk aufgehängt, das durch einen an einer biegsamen Feder angebrachten Druckknopf ausgelöst und festgestellt werden kann. Sämtliche Gelenke des Apparates lassen sich durch einen in der Mitte desselben einzusteckenden Bolzen zusammenfassen, so daß der Apparat ein starres System bildet und in diesem Zustande leicht aufgesetzt werden kann; nach dem Aufsetzen wird der Bolzen entfernt. Der Signalapparat besteht aus einer Klingel, die durch ein Trockenelement betätigt wird, und ist durch einen Schalter leicht abstellbar.

b) Der Kopfapparat besteht aus einem beweglichen Hebelarm, der auf einem gußeisernen Untersatz angebracht ist und aus einem Kontaktteller, dessen Mitte eine kleine Isolationsfläche bildet. Von den drei, dem Apparat beigegebenen auswechselbaren Kontakttellern zeigt der eine einen Durchmesser von 2,3 mm, der zweite einen solchen von 4,3 mm, der dritte von 7 mm, so daß Kopfbewegungen von ca. 1 bis 3 mm damit angezeigt werden können. Der Kontaktteller wird auf die Stirn oder auf die Haare der ruhenden Person aufgelegt und der gußeiserne Untersatz hinter dem Patienten so aufgestellt, daß die Hebelspitze auf der Mitte der Isolationsfläche ruht. Kontaktteller und Hebelarm sind wiederum mit dem oben geschilderten Signalapparat leitend verbunden.

Fig. 3. Respirationsmetronom.

2. Das Respirationsmetronom, Atmungstaktanzeiger, dient zur taktmäßigen Angabe der Atmungsbewegungen, die der Ruhende ausführen soll. Der Apparat, dessen diskrete Signale mit Hilfe eines Uhrwerkes durch harmonisch abgestimmte Gongfedern gegeben werden, kann innerhalb eines Frequenzumfanges von 5—24 Atemzügen in der

Minute verstellt werden. Außerdem gestattet er, die Länge der Einatmung gegenüber der Ausatmung innerhalb beliebiger Grenzen zu verschieben. Bekanntlich schwankt das Verhältnis der Einatmung zur Ausatmung bei den einzelnen Individuen zwischen 6 : 7 bis 6 : 9, kann aber ausnahmweise, z. B. bei Sängern, Herz- und Brustkranken, besonders Asthmatikern u. dgl. noch stärkere Verschiebungen erfahren. Der Apparat läuft, einmal aufgezogen, 1 bis 8 Stunden lang, je nach der eingestellten Geschwindigkeit.

Außer zu den oben beschriebenen Ruheübungen kann der Apparat auch zu den Atmungsübungen Verwendung finden, wie sie von Saenger, Hofbauer u. a. zur Behandlung des Asthmas empfohlen werden.

3. Das Augenkissen dient zur Bedeckung der Augen bei den Ruheübungen. Es besteht aus einem seidenen, daunengefüllten Kissen, dem durch eine der Gesichtsform angepaßte Aluminiumplatte Halt

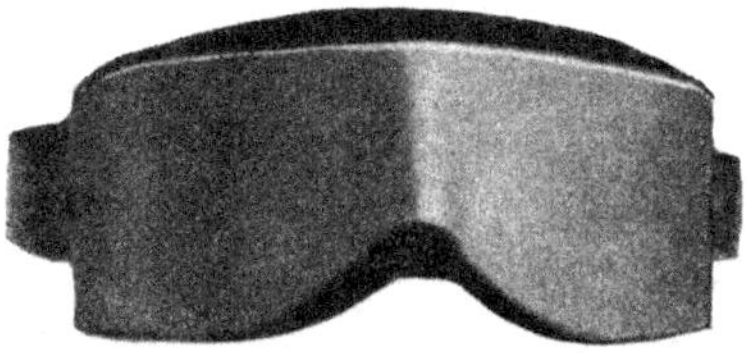

Fig. 4. Augenkissen.

verliehen wird. Es wird den geschlossenen Augen des Ruhenden einfach aufgelegt, ohne einer weiteren Befestigung zu bedürfen. Es wird dadurch ein völliger Lichtabschluß der Augen erzielt und zugleich durch den wohltuend empfundenen geringen Druck der Platte der unwillkürliche Lidschlag verhindert. Nur für den Fall, daß der Kopf des Patienten so hoch gelagert ist, daß das Augenkissen nicht von selbst in der ihm gegebenen Lage bleibt, sind zwei seitliche, mit Polstern versehene Federn angebracht, die den Schläfen des Patienten leicht angelegt werden können[1]).

Zum Schluß sei es mir gestattet, mit wenigen Worten auf die Indikationen meiner Ruheübungen einzugehen. Ich glaube auf Grund

[1]) Der Preis der drei oben beschriebenen Apparate beträgt:

1. Hesychiskop: a) Extremitätenapparat (mit Signalapparat) = 120 M. Der Apparat kann auch mit festem, für eine mittlere Empfindlichkeit berechneten Kontaktring geliefert werden, wodurch sich der Preis um 20 M. ermäßigt. b) Kopfapparat (ohne Signalapparat) = 10 M. (Der Signalapparat allein kostet = 15 M.)

2. Respirationsmetronom = 60 M.

3. Augenkissen = 7,50 M.

Die gesamte Apparatur, postfertig verpackt und versandt, kostet 200 M.

Die Apparate werden angefertigt und geliefert von dem Feinmechaniker Herrn F. M. E. Himer, Berlin-Charlottenburg, Eosanderstraße 28.

Zur Psychologie und Hygiene des Denkens.

I.

ährend die normative Wissenschaft vom Denken, die Logik, nteresse der Denker erregt hat, seitdem der menschliche Geist aupt sich den Problemen der Philosophie zugewandt hat, und schon relativ frühzeitig zu durchaus gesicherten Ergebnissen orschung geführt hat, ist die deskriptive Wissenschaft vom n, die Psychologie des Denkens, auch heute noch in ihrer Entng und ihren Ergebnissen recht zurückgeblieben. Das ist am nicht einmal so sehr erstaunlich, da die Psychologie des Denkens orschung der Welt des sinnlichen und transzendentalen Erkennens bescheidenem Maße beizutragen vermag. Es ist aber insofern rlich, als die Psychologie des Denkens nach einer anderen, ch höchst bedeutsamen Richtung sich als grundlegend erweist: ne, für eine Hygiene des Denkens. Da in unserem immer komr und nervöser sich gestaltenden Zeitalter alle hygienischen aßregeln eine besondere Beachtung verdienen, so dürfte wohl r Versuch gerechtfertigt erscheinen, eine Hygiene des geistigen uf dem Fundamente einer psychologischen Analyse des Denkens en.

r dieser Versuch indessen in Angriff genommen werden kann, Vorfrage zu beantworten, mit deren Entscheidung die Möginer direkten Hygiene des Denkens steht und fällt: das ist nach der Willkürlichkeit des Denkens. Ist unser Denken h oder erfolgt es unabhängig von unserem Willen auf Grund hm eigentümlicher Gesetze, die uns nur einen passiven Anteil Spiele unseres geistigen Kaleidoskops gestatten, in dem die Bilder unter dem Einfluß der von außen kommenden Aneinanderfolgen?[1]) Die naive Meinung wird gewiß nicht gehier ein „entweder — oder" zu statuieren, sondern sich für — teils" entscheiden. Bei der Überspannung der determiWeltanschauung, die das moderne wissenschaftliche Denken ast dämonischen Bann geschlagen hat, ist es freilich nicht fallend, daß man heute allen Ernstes in der Wissenschaft

Paul Dubois, Selbsterziehung. Bern 1909.

zahlreicher und langjähriger Erfahrungen den Kr recht weit ziehen zu dürfen.

An erster Stelle sind es die Muskelerkrankung werden müssen, z. B. die verschiedenen Ticfo der Accessoriustic usw., die Maladie des tics, die t Muskelkrämpfe der Hals- und Nackenmuskulatu Hierbei wird es sich freilich zumeist um eine übungstherapie mit der an einem anderen Ort schreibenden Entspannungsgymnastik handeln

Ferner kommen in Betracht die allgem Neurastheniker, Hysterischen usw., auch Ablauf der akuten Krankheitserscheinungen die Hypertonie bei Paralysis agitans, wo es mi diese quälenden Symptome während der Dau ständig zu unterdrücken.

Sodann die Beschäftigungsneurosen, z Klavierspieler-, Geigerkrampf usw.

Ferner die Angstzustände und Phobien Schwindelerscheinungen, die Zerstreuthei der Neurastheniker, die Zwangsvorstellun geistige Ruhe ein eminentes Heilmittel Schlaflosigkeit, die ein besonders dankba therapie bildet; endlich auch die leichte Depressionen der Neurastheniker, Hys sowie die funktionellen Sprachstörungen

Schließlich wird man berechtigt sein verständlich neben der sonst üblichen ein einfaches hygienisches und erzieheris Formen und Äußerungen funktionelle wendung zu bringen. Denn die Erziehu bildet sicherlich eine der bedeutsamst und Psychotherapie.

W
das
überh
sogar
der F
Denke
wicklu
Ende
zur Er
nur in
bedaue
praktis
ich me
plizierte
Schutzn
auch de
Lebens
aufzuba
Bevo
ist eine
lichkeit
die Frag
willkürli
eigener,
an dem
einzelnen
stöße au
neigt sein
ein „teils
nistischen
in einen
weiter au

[1] Vgl.

den Versuch macht, den Willen nicht nur aus dem Handeln des Menschen, sondern sogar aus seinem Denken hinauszujonglieren.

Es ist Dubois, der verdienstliche Berner Psychotherapeut, dem es gelungen ist, dieses artistische Kunststück fertigzubringen. Nach ihm[1]) ist der Gedanke nicht etwas Spontanes und nicht das Resultat einer inneren Anstrengung des denkenden Menschen; er ist unfreiwillig, automatisch, die Ideen fallen uns wie Ziegel auf den Kopf. Selbst die Aufmerksamkeit ist nach ihm keine willkürliche Tätigkeit; sie wird vielmehr fixiert durch die Anziehungskraft der Arbeit, von der wir zu sagen pflegen, wir laden sie uns auf, während sie im Gegenteil sich uns aufdrängt.

Wer sich aufmerksam selbst beobachtet, ohne durch quasi-wissenschaftliche Vorurteile voreingenommen zu sein, wird nicht leicht in Gefahr kommen, diese Auffassung anzuerkennen, geradeso, wie er die Lehre von dem gebieterischen Charakter der Motive, die unsere Handlungen angeblich zwangsmäßig bestimmen, ohne Zögern den Theoretikern überlassen wird. Wir unterscheiden vielmehr nach den Feststellungen der unvoreingenommenen Selbstbeobachtung eine willkürliche Denktätigkeit, z. B. beim Lesen, Schreiben, Rechnen, absichtlichen Nachdenken usw., von der unwillkürlichen, automatischen Denktätigkeit, die in uns stattfindet, wenn unsere Aufmerksamkeit nicht auf ein bestimmtes Ziel gerichtet ist, wenn wir unsere Gedanken umherschweifen lassen, ja sogar, wenn wir uns der geistigen Ruhe hingeben möchten, aber von der gegen unseren Willen auftretenden Flucht mehr oder weniger gleichgültiger Ideen belästigt und gehindert werden. „So glücklich ist selten ein Geist organisiert," sagt Zeller[2]), „daß er zu allen Zeiten volle Macht besäße und nicht immer wieder nicht allein unwesentliche, sondern auch völlig fratzenhafte und widersinnige Vorstellungen den stetigen, klaren Gang seiner Gedanken unterbrächen, ja die größten Denker haben sich über dieses traumartige, neckende und peinliche Gesindel von Vorstellungen zu beklagen gehabt, da es ihre tiefsten Betrachtungen und ihre heiligste und ernsthafteste Gedankenarbeit stört."

Dabei ist ohne weiteres zuzugeben, daß dieser Unterschied des freiwilligen und unfreiwilligen Denkens auch für die theoretisch unbeeinflußte Selbstbeobachtung nur ein relativer ist. Denn rein willkürlich und in allen Einzelheiten von unserem Willen abhängig ist auch unsere systematische, freiwillige Denktätigkeit ganz gewiß nicht. Wenn auch das Ziel des Denkens hierbei von uns bestimmt und durch unseren inneren Willen, unsere Konzentration festgehalten wird,

---

[1]) Vgl. Paul Dubois, Selbsterziehung. Bern 1909.

[2]) Vgl. A. Zeller, Artikel „Irre" in der Allg. Enzyklopädie der Wissenschaften von Ersch und Gruber, S. 144; zit. nach S. Freud, Traumdeutung.

so ist doch das Auftreten der einzelnen Vorstellungen, die verschiedenen Arten ihrer Assoziation und die mannigfachen Denktätigkeiten, die wir an diesem Materiale verrichten, von durchaus gewohnheitsmäßigem, automatischem, reflexartigem Charakter; sonst wäre die Schnelligkeit und Sicherheit unseres Denkprozesses völlig unmöglich. Vergleicht man in einem häufig herangezogenen Bilde die Seele einem Musikinstrument, so wird die Freiwilligkeit des Denkens dem absichtlichen Anschlage der Tastatur analog zu setzen sein. Dagegen sind die der Organisation des Instrumentes eigentümlichen Einzelheiten, das Erklingen der Obertöne, die Schwebungen, Verschmelzungen, Klangfarben und Harmonien von unserer direkten Willensbeeinflussung ebenso ausgeschlossen wie die gesetzmäßige Zusammenfügung des von uns absichtlich herbeigerufenen Denkmaterials, die vielmehr nach den Regeln und Gesetzen unserer geistigen Organisation sich vollzieht.

Auf der anderen Seite ist auch das unfreiwillige Denken nicht so völlig regellos und von unserem Willen unabhängig, wie man vielleicht meinen könnte. Eine halbwillkürliche Lenkung der Richtung des Ideenlaufes, ein halbwillkürliches Festhalten einzelner Ideen oder Ideenkomplexe, die der jeweiligen Stimmungslage oder dem momentanen Interesse mehr entsprechen als andere, lassen sich oft genug auch hier beobachten. Derartige kontradiktorische Gegensätze wie „willkürlich — unwillkürlich" haben in ihrer extremen Fassung eben nur den Wert abstrakter theoretischer Aufstellungen; die Praxis des wirklichen Lebens ist viel zu kompliziert, als daß sie sich in derartige Begriffsschemata einzwängen ließe. Im übrigen werden wir Gelegenheit haben, den genaueren Anteil der Willensvorgänge an unserem Denken im Verlaufe unserer Ausführungen noch etwas weiter zu verfolgen.

Diese Vorbemerkung war auch noch aus einem anderen Grunde erforderlich, nämlich um den Gegenstand unserer Betrachtungen etwas schärfer umgrenzen zu können. Wir wollen uns nämlich im folgenden nicht sowohl mit den relativ einfacheren und geläufigeren psychologischen und hygienischen Gesetzen des willkürlichen Denkens beschäftigen, sondern vielmehr in erster Reihe mit dem sog. unwillkürlichen, automatischen Denken, das man in einem weiteren Sinne des Wortes auch als Phantasietätigkeit bezeichnen kann, vorausgesetzt, daß man damit nicht etwa die künstlerische Bedeutung dieses Ausdruckes ins Auge faßt. Und zwar werden wir diese Phantasietätigkeit in bezug auf ihre inhaltlichen und mechanischen Entstehungsbedingungen verfolgen müssen, um zu praktisch brauchbaren hygienischen Gesichtspunkten zu gelangen. Die allgemeinen Gesetze des seelischen Geschehens werden hierbei so weit heranzuziehen sein, als es zum Verständnis der Struktur und des Verlaufes unseres Denkens unumgänglich ist.

II.

Bei der Betrachtung des inhaltlichen Aufbaues unserer Phantasietätigkeit, sowie unseres Seelenlebens überhaupt, geht die ältere Assoziationspsychologie von der Fiktion von einfachen Seelenelementen aus, durch deren Synthese auf dem Wege der Vorstellungsassoziation alle komplizierteren Seelenerscheinungen erklärt werden sollen. Die neuere Psychologie, wie sie von Brentano, Cornelius und der Grazer Schule entwickelt worden ist, betont demgegenüber mit Recht, daß das primär Gegebene ein äußerst Zusammengesetztes ist, zu dessen Elementen wir nur durch sekundäre Abstraktion, durch die Analyse der gegebenen Komplexe gelangen.

Beschreiten wir diesen Weg der induktiven Analyse der der inneren Wahrnehmung gegebenen komplexen Seelenerscheinungen, so wird sich der Aufbau und die Zusammenfügung der einzelnen Seelenerscheinungen summarisch etwa folgendermaßen skizzieren lassen, wobei ich Bezug nehmen darf auf die Darstellung, die ich von dem gleichen Gegenstande bereits früher gegeben habe, in einem Vortrage: „Über die Psychologie des Urteils", dessen Drucklegung allerdings sich bisher noch verzögert hat.

Die letzten Elemente, zu denen uns die Analyse der komplexen Seelenerscheinungen führt, sind: 1. die Vorstellungen, 2. die Urteile, 3. die Gefühle, 4. die Willenshandlungen.

Ad 1. Unter den Vorstellungen unterscheiden wir nach der Art ihrer Entstehung die Wahrnehmungsvorstellungen, die durch die Tätigkeit der Sinnesorgane vermittelt werden, von den Denkungsvorstellungen[1]), die entweder als reproduktive Erinnerungsvorstellungen oder als produktive Phantasievorstellungen im engeren Wortsinne zustande kommen. Außerdem unterscheiden wir die Vorstellungen je nach dem Gegenstande, auf den sich ihr Inhalt bezieht, in materiale Vorstellungen, sofern der Gegenstand anschaulich faßbar ist, und in formale oder dynamische Vorstellungen, wenn ihr Inhalt eine Beziehung, Relation oder einen dynamischen Vorgang zum Gegenstande hat, wie z. B. die Relation der Gleichheit, Ähnlichkeit, der räumlichen und zeitlichen Koexistenz oder Sukzession, des kausalen Zusammenhanges oder aber die Vorgänge, Tätigkeiten, Akte des Inbeziehungsetzens, des Vergleichens, des willkürlichen Verknüpfens, des Handelns usw.

Alle übrigen Seelenelemente, als Urteile, Gefühle, Willenshandlungen, gründen sich auf die Vorstellungen als ihre psychologische

[1]) Der Name ist den Denkungsgegenständen Meinongs nachgebildet und, wenn auch sprachlich unschön, m. E. präziser und unmißverständlicher als alle anderen zu diesem Zwecke gebrauchten Bezeichnungen.

Raum, in dem wir uns augenblicklich befinden, ist der kleine Saal des Langenbeckhauses"[1]), so ist dies eine affirmative Behauptung, von deren Richtigkeit wir alle überzeugt sind. Sage ich dagegen zu Ihnen: „Tun Sie ganz als ob Sie hier zu Hause wären", so enthält diese triviale Aufforderung zwar auch einen affirmativen Inhalt (genauer gesprochen, ein affirmatives Objektiv, s. Meinong), aber kein einziger unter Ihnen wird geneigt sein, diesen Inhalt ernst zu nehmen oder von seinem Bestehen überzeugt zu sein. Es handelt sich eben bei dem „als — ob-Satze" um eine bloße Annahme, der wir weder eine Überzeugtheit noch eine Wahrscheinlichkeit oder bloße Möglichkeit, ja nicht einmal eine Unbestimmtheit nach dieser Richtung hin zuerkennen, sondern von der wir ganz bestimmt wissen, daß sie nicht zutrifft. Der praktische Gebrauch einer solchen Annahme wird aber durch dieses Wissen um ihre Falschheit keineswegs ausgeschlossen. Denn, wie Meinong gezeigt hat, sind derartige explizite oder implizite, offene oder versteckte Annahmen nicht nur für alle Arten von Spielen, für jede Form der aktiven und passiven künstlerischen Betätigung, für die Phänomene der Lüge, der Fragen, der Begehrungen und Wertungen, für das Verstehen gehörter Urteile und Sätze wesentlich, sondern die genauere Analyse weist sie als einen bisher unbemerkten Teilinhalt bei fast allen einfachen und komplexen Seelenerscheinungen nach, besonders deutlich da, wo es sich um hypothetische oder disjunktive Urteilserlebnisse, um negative Denkgegenstände, Irrtümer und Täuschungen, Illusionen und Suggestionen handelt.[2])

Ebenso aber, wie die Annahmen eine Zwischenstufe zwischen den Vorstellungen und Urteilen bilden, ebenso stehen die Phantasiegefühle zwischen den Vorstellungen und Gefühlen, die Phantasiehandlungen zwischen den Vorstellungen und Willenshandlungen. Phantasiegefühle und Phantasiehandlungen treten uns am deutlichsten ins Bewußtsein, wenn wir an den Tatbestand der Einfühlung gegenüber Kunstwerken bildlicher oder dramatischer Art uns erinnern. Es ist das, was der Zuschauer in sich erlebt, wenn er sich in die Personen des Dramas hineinversetzt und deren Gefühle und Willenshandlungen in seiner Phantasie sich nicht nur etwa vorstellt, sondern tatsächlich miterlebt bzw. mitausführt. ohne daß man doch diese Scheinerlebnisse mit den richtigen Gefühlen und Willenshandlungen als Seinserlebnissen identifizieren dürfte. Ist doch bei dieser die Beziehung zur Wirklichkeit als bemerkter oder unbemerkter Teilinhalt

[1]) Der Vortrag fand im Langenbeckhause, Ziegelstr. 10—11 statt.

[2]) Soeben erscheint ein hochbedeutsames Werk von Hans Vaihinger: Die Philosophie des Als — ob (Berlin, Reuther und Reichard, 1911), in dem dieses gesamte Tatsachengebiet einer ausführlichen, historischen und pragmatischen Würdigung unterzogen wird.

gegeben, während den Scheinerlebnissen ein mehr oder minder deutliches Bewußtsein der Unwirklichkeit, besser der Quasiwirklichkeit, zukommt. Auch die Gefühle und Handlungen, die wir in unseren Tag- und Nachtträumen, in unserer vorwärtsdrängenden, Luftschlösser bauenden Phantasie und in unserem rückwärts gerichteten Treppenwitz erleiden bzw. ausführen, gehören in dieses Gebiet, das für unsere gesamte Denktätigkeit auch praktisch von viel größerer Bedeutung ist, als es auf den ersten Blick erscheint.

Damit hätten wir die Elemente, zu denen die theoretische Analyse der komplexen Seelenerscheinungen führt, Revue passieren lassen. Wir haben dabei gesehen, daß diese sog. seelischen Elemente im Grunde genommen durchaus keine einfachen Gebilde sind, etwa seelische Atome, an denen, wie Wundt lehrt, nichts weiter wahrgenommen werden kann als die Merkmale der Intensität und Qualität. Vielmehr hat es sich gezeigt, daß an ihnen außerdem mindestens noch drei Faktoren festzustellen sind, nämlich der Akt oder die Tätigkeit, der Inhalt und der Gegenstand. Z. B. unterscheiden wir bei der Vorstellung eines Baumes den Akt des Vorstellens von dem Inhalte der Baumvorstellung und dem Gegenstande, d. h. dem vorgestellten Baume. Alle diese Faktoren sind in der Vorstellung eines Baumes zu einem einheitlichen Elementargebilde verschmolzen und können nur durch die abstrakte Analyse voneinander isoliert werden. Daß eine solche Isolierung aber nicht nur theoretisch möglich, sondern gelegentlich auch aus praktischen Gründen gerechtfertigt und geboten erscheint, beweist die Tatsache, daß die Akte der verschiedenen seelischen Elementargebilde nicht nur mit den Inhalten der gleichen Grundklasse, sondern auch mit den Elementen der anderen Grundklassen verschmolzen werden können. Beispiele für derartige komplexe Kombinationen erleben wir, wenn wir Urteile, Gefühle oder Willenshandlungen vorstellen, Gefühle oder Willenshandlungen beurteilen, Willenshandlungen als angenehm oder unangenehm empfinden, u. dgl. mehr. Trotz dieser relativen Kompliziertheit der von uns als seelische Elemente charakterisierten Gebilde hat es aber keinen Sinn, die Analyse des psychischen Lebens prinzipiell über diese Elemente hinauszuführen, ebensowenig wie es bei der Analyse des physiologischen Geschehens einen Sinn hat, über die Zellen als lebendige Elementargebilde und Funktionszentren hinauszugehen, wenn auch die mikroskopische Anatomie eben diese Zellen als recht zusammengesetzte und relativ hochorganisierte Gebilde erweist.

IV.

Es entstände nunmehr die Aufgabe, zu erörtern, auf Grund welcher Gesetzmäßigkeiten und Seelenaktionen die geschilderten Elementargebilde sich zusammensetzen und aufbauen zu den tatsächlich allein im Bewußtsein gegebenen Komplexen. Bevor wir aber dazu übergehen können, müssen wir zunächst einmal die Beziehungen dieser Elemente selbst zum Bewußtsein näher ins Auge fassen. Obwohl ich diesen Gegenstand bereits in früheren Arbeiten mehrfach behandelt habe, muß ich doch, um ein einigermaßen klares Bild der Struktur unseres Seelenlebens und Denkens geben zu können, in diesem Zusammenhange kurz darauf zurückkommen.

Die ältere Psychologie seit Leibniz nimmt an, daß es neben den bewußten auch aktive unbewußte Seelenerscheinungen gebe. Die neuere Psychologie, besonders wiederum die Schule Brentanos und der ihm nahestehenden Forscher leugnet die aktiven unbewußten Seelenerscheinungen und läßt nur inaktive unbewußte, d. h. im Augenblicke nicht gewußte, zu anderer Zeit und unter anderen Bedingungen aber sehr wohl wißbare Seelenvorgänge zu, die sich also den zurzeit bewußten psychischen Vorgängen gegenüber[1]) genau so inaktiv verhalten, als wenn sie gar nicht vorhanden wären; während die ältere Lehre unbewußte psychische Vorgänge annimmt, die eine aktive Wirkung untereinander und auf die zurzeit bewußten Seelenerscheinungen ausüben sollen. Die neuere Auffassung widerspricht demnach anscheinend den Ergebnissen der inneren Selbstwahrnehmung, da wir Unterschiede in der Deutlichkeit und Klarheit der Bewußtseinsphänomene infolge der Enge unseres bewußten Seelenlebens jederzeit als eine unmittelbare Tatsache wahrnehmen und daher leicht geneigt sind, eine Fülle von unbewußten Vorgängen zur Erklärung der komplizierten Erscheinungen des Seelenlebens anzunehmen, indem wir die Enge des jeweils beleuchteten Seelenausschnittes und den Reichtum unseres Seelenbesitzes als einen lebhaften Kontrast empfinden. Wodurch entsteht nun dieser Anschein unbewußter Seelenerscheinungen?

In meinem Beitrage: „Zur Psychologie des Urteils", habe ich vier Momente aufgeführt, die geeignet sind, die auch heute noch vielen geläufige, aber m. E. wissenschaftlich durchaus unhaltbare Lehre von den unbewußten Seelenerscheinungen zugleich verständlich zu machen und zu widerlegen.

1. In erster Linie sind es die außersprachlichen, asymbolischen Seelenerscheinungen, die hier erörtert werden müssen. Wir sind an die enge Zuordnung aller unserer Seelenerscheinungen an sprachliche Zeichen oder Symbole so sehr gewöhnt, daß wir leicht vergessen, daß diese Zuordnung im Grunde genommen nur eine konventionelle oder

---

[1]) Abgesehen von den Färbungen, die sie den aktuellen Bewußtseineindrücken, ihrem Hintergrunde und der gesamten Persönlichkeit verleihen, — vgl. die späteren Ausführungen über die Corneliussche Lehre von den unbemerkten Teilinhalten.

akzidentelle Erscheinung ist, die mit dem Wesen der Seelenvorgänge an sich nicht notwendig verknüpft ist. Den besten Beweis für diese Behauptung liefert die Tatsache, daß bewußte Seelenerscheinungen auch dort angetroffen werden, wo jede sprachliche Entwicklung fehlt, also beim Kinde, das noch nicht sprechen und sprachliche Symbole als solche verstehen gelernt hat, und ebenso beim Tiere, wie ich dies bei Gelegenheit der Demonstration des Schimpansen Konsul[1]) auch an dieser Stelle zeigen konnte. Selbstverständlich verlaufen nun aber auch beim Erwachsenen eine große Zahl von Seelenvorgängen asymbolisch, wie vielleicht am einleuchtendsten das Beispiel der fingierten Menschenstatue Condillacs zeigt. Nur die Unmöglichkeit, diese asymbolischen Seelenvorgänge anders als in sprachliche Zeichen übersetzt gleichsam zu fassen und damit der eigenen Überlegung sowohl wie der Mitteilung an andere zugänglich zu machen, erklärt die Neigung, diese unbenannten, aber durchaus bewußten Seelenerlebnisse in unbewußte umzutaufen. Am deutlichsten tritt das Vorhandensein asymbolischer Seelenprozesse vielleicht hervor, wenn man an den Unterschied des rechnen lernenden Kindes und des geübten Rechners bei der Ausführung irgendeines Rechenexempels sich erinnert. Die Aufgabe z. B., die Zahlenreihe 3 + 5 + 4 + 7 zu addieren, löst das Kind, indem es innerlich etwa folgende Denkvorgänge vollzieht: 3 und 5 ist 8; 8 und 4 ist 12; 12 und 7 ist 19. Der geübte Rechner kürzt diesen Prozeß wesentlich ab und vollzieht sprachlich nichts weiter in seinem Bewußtsein als die Zahlen 3, 8, 12, 19. Dabei ist also der eigentliche Rechenprozeß, die Kombination der Zahlbegriffe, asymbolisch geworden. Aber unbewußt wird man diesen Vorgang nicht gut nennen können, da an der inneren Wahrnehmung der hierbei stattfindenden Tätigkeit trotz der fehlenden sprachlichen Symbolik ein Zweifel nicht obwalten kann.

2. Zweitens sind es die bloß angezeigten, abgekürzten, rudimentären Seelenerscheinungen, die ich unter der Bezeichnung der stenologischen Phänomene zusammengefaßt habe und die gleichfalls leicht in den Verdacht des Unbewußten geraten. Jeder Mensch, der sich beim Sprechen und beim Denken aufmerksam selbst beobachtet, weiß, daß er beim Denken nicht mit ebenso sorgfältig ausgebildeten Symbolen und Vorstellungen operiert, wie beim Sprechen. Während wir beim Sprechen notgedrungen jedes Wort einzeln und vollständig produzieren müssen, um verstanden zu werden, genügt uns beim Denken gewissermaßen eine Art Kurzschrift der sprachlichen Symbole. Nicht die ausgeführten Worte, sondern Abkürzungen, Bruchstücke, Rudimente davon sind es, die uns in der Regel beim Denken ins Bewußt-

[1]) Vgl. L. Hirschlaff: Der Schimpanse Konsul; ein Beitrag zur vergleichenden Psychologie. Zeitschr. f. pädag. Psychol., Pathol. u. Hyg. 7, 1—22. 1905.

aktuellen Seelenlebens. Erst durch den Akt des Bemerkens werden sie aus diffus oder undifferenziert bewußten, unbemerkten, zu distinkt bewußten oder bemerkten Teilinhalten. Man sieht hier in parenthesi, wie das Problem des Gedächtnisses im letzten Grunde ein Problem der Aufmerksamkeit ist.

4. Eine vierte Gruppe von Bewußtseinstatsachen endlich, die leicht zu der Kategorie der vermeintlich unbewußten Seelenerscheinungen gezählt werden, bilden die Relationen oder Beziehungen, sowie die dynamischen Seelenvorgänge. Wir verstehen unter Relationen mit Lipps die unmittelbaren Bewußtseinserlebnisse einer Beziehung, d. h. Weisen, wie ich mich, in meinem Apperzipieren, auf Gegenständliches oder wie ich Gegenständliches auf mich bezogen finde oder endlich, wie Gegenständliches in meinem Apperzipieren und durch dasselbe aufeinander bezogen erscheint; sie sind dagegen nicht Qualitäten, Merkmale, Eigentümlichkeiten der Bewußtseinsinhalte, an denen wir sie vorfinden. Diese Relationen, wie z. B. die Beziehungen der Gleichheit, Ähnlichkeit, Einheit, Mehrheit, der kausalen Abhängigkeit oder Unabhängigkeit u. dgl. bilden, wie ich an anderer Stelle gezeigt habe, zwar kein anschauliches Bewußtseinserlebnis, aber trotzdem einen Gegenstand der unmittelbaren inneren Wahrnehmung; wenn sie auch ihrer Natur nach niemals allein auftreten, sondern als Teilinhalte unserer Wahrnehmungs- oder Erinnerungsvorstellungen, denen sie eine eigentümliche Färbung verleihen oder, wie James sich ausdrückt, wie Fransen, fringes, anhaften. In die gleiche Kategorie der formalen Bewußtseinserscheinungen gehören m. E. die dynamischen Vorgänge in unserem Seelenleben, wie z. B. die psychischen Akte des Vorstellens, Vergleichens, Kombinierens, Analysierens und der Willenshandlungen, die mit den ihnen zugehörigen Inhalten, wie wir oben gesehen haben, praktisch zu einem fast untrennbaren Ganzen verschmelzen, in dem sie dann meist die Rolle unbemerkter Teilinhalte spielen und auf Grund ihrer Abstraktheit und Unanschaulichkeit leicht als unbewußt gelten.

V.

So viel über die Beziehungen der seelischen Elemente zum Bewußtsein. Wir konnten dabei nachweisen, daß die angeblich unbewußten Seelenerscheinungen sich bei schärferem Zusehen vielfach nur als unbenannt, unvollständig, unbemerkt oder unanschaulich herausstellen, soweit sie nicht etwa tatsächlich psychisch unvorhanden sind, wenn ich mich einmal so ausdrücken darf. Es liegt uns nunmehr ob zu zeigen, wie die durch die theoretische Analyse festgestellten Seelenelemente sich verbinden und zusammenfügen zu den tatsächlich allein in unserem Seelenleben vorfindlichen Komplexen. Es sind, soviel ich sehe, sechs Faktoren, die hier im wesentlichen in Betracht kommen: 1. der Wahrnehmungsakt; 2. der Erinnerungsakt; 3. die Assoziation; 4. die Apperzeption; 5. die Fundierung; 6. die Verschmelzung. Hierzu einige kurze Erläuterungen:

ad 1. Der Wahrnehmungsakt liefert uns niemals einfache, sondern stets zusammengesetzte Empfindungen, oder, allgemeiner bezeichnet, Vorstellungen. Wenn ich einen Baum sehe, so sehe ich zu gleicher Zeit seine Größe, seine Farbe, seine Stellung im Raume usw., also einen Komplex von Teilgegenständen, die dann wiederum beachtet oder unbemerkt sein können, die aber, zum Unterschiede von der Assoziation, von dem Wahrnehmungsgegenstande nicht trennbar sind, es sei denn in der Abstraktion.

ad 2. Von dem Erinnerungsakte gilt das gleiche, da er sich auf Abbilder der Wahrnehmungsvorstellungen bezieht.

Wahrnehmungs- und Erinnerungsakt können gemeinsam als Faktoren der sinnlichen Zusammenfassung bezeichnet werden, die entweder als primäre oder sekundäre sinnliche Zusammenfassung auftreten kann.

ad 3. Die Assoziation oder Verknüpfung verläuft nach den bekannten Aristotelischen Gesetzen als Assoziation der Ähnlichkeit, des Kontaktes, der Koexistenz und der Sukzession. Sie stellt eine mehr oder weniger lockere Verbindung zwischen den Elementen oder Erlebnissen dar, die nach Stumpf durch die Möglichkeit der Trennung charakterisiert ist. Zugleich ist sie durch eine gewisse Passivität ausgezeichnet, da die assoziativen Verknüpfungen sich unserer Seele auf Grund der Eigenschaften der äußeren oder inneren Gegenstände passiv aufdrängen.

ad 4. Als Apperzeption bezeichnen wir die willkürliche, aktive Verbindung zwischen den Seelenerscheinungen, wie sie dem systematischen, eigentlichen Denken zukommt, wobei zu der assoziativen Verknüpfung ein Willenselement hinzutritt.

Assoziation und Apperzeption können gemeinsam als die Faktoren der mechanischen Zusammenfassung bezeichnet werden, die entweder passiv oder aktiv sich vollziehen kann.

ad 5. Unter Fundierung verstehen wir eine unserer geistigen Organisation eigentümliche Tätigkeit, die zu den sog. Gegenständen höherer Ordnung, z. B. den schon mehrfach erwähnten Gestaltqualitäten, führt. Es ist die Tätigkeit des Zusammenfassens einer Summe von Teilgegenständen zu einer Gesamtvorstellung. Einfache Beispiele dafür bieten die Melodie, Harmonie, Klangfarbe, sowie die Raumgestalten. Eine Melodie ist nicht etwa eine bloße Summe von Tönen; denn sie bleibt sich als Vorstellungsgegenstand ähnlich, auch wenn ihre einzelnen Tonelemente gegen andere ausgetauscht werden, z. B. durch Transponieren in eine andere Tonart. Ebenso ist ein Quadrat mehr als die bloße Summe der konstituierenden Elemente; vielmehr kommt es darauf an, wie diese einzelnen Elemente durch die Relationen, in denen sie zueinander stehen, zu einem Gesamteindruck zusammengesetzt werden. Diese Eigenschaften der Komplexe, durch welche sie sich von der bloßen Summe der an ihren Bestandteilen vorzufindenden Eigenschaften verschieden zeigen, die also durch die Relationen ihrer Bestandteile bedingt sind, bezeichnen wir mit v. Ehrenfels als „Gestaltqualitäten" oder mit Meinong und Cornelius als fundierte Merkmale. Die Bestandteile bilden nur die Grundlage der Gestaltqualität; sie fundieren die Gesamtvorstellung. Daher wird diese Tätigkeit des Zusammenfassens als Fundierung bezeichnet. So ist z. B. auch das Gemeingefühl und die darauf basierte Stimmung, wie wir bereits gesehen haben, eine Gestaltqualität, die von der Summe der einzelnen Organempfindungen als unbemerkten Teilinhalten fundiert wird.

ad 6. Unter Verschmelzung möchte ich endlich die besonders innige Verknüpfung verstanden wissen, die die Bestandteile der einzelnen Elemente selbst, wie z. B. Akt und Inhalt, aber auch die Verbindung von Elementen verschiedener Grundklassen miteinander aufweisen. Wir haben ja bereits hervorgehoben, daß die sog. Elemente einerseits selbst zusammengesetzte Gebilde sind, daß auf der anderen Seite aber selbst diese relativ einfachen Elementargebilde immer noch Abstraktionen sind, da in Wirklichkeit alle Seelenerscheinungen noch weit komplexer konstituiert sind, indem sie in der Regel nicht nur ein oder mehrere Vorstellungselemente enthalten, sondern auch Urteile, Gefühle, Willensäußerungen als innig damit verbundene, nur durch theoretische Analyse künstlich trennbare Teilfaktoren involvieren. Diese besonders innige Verknüpfung ist ganz gewiß keine bloße mechanische Assoziation, sondern eine viel festere, gleichsam chemische Art der Verbindung, die ich deshalb als Verschmelzung bezeichnen möchte.

Fundierung und Verschmelzung können wiederum gemeinsam als Zusammenfassungen höherer Ordnung bezeichnet werden, wobei die Fundierung aus der geistigen, die Verschmelzung aus der psychophysiologischen Organisation unserer Persönlichkeit stammt.

Dies dürften etwa die wichtigsten Weisen sein, nach denen sich die Elemente des seelischen Geschehens zu Komplexen verbinden. Es ist unnötig, hervorzuheben, daß auch die Komplexe ihrerseits nach den gleichen Regeln sich wieder zu Komplexen höheren Grades vereinigen usw. Jeder Satz z. B., den wir denken oder aussprechen, enthält eine Fülle von solchen Komplexen niederen und höheren Grades, wie aus der gegebenen Darstellung leicht abzuleiten ist.

VI.

Was geschieht nun mit den auf diese Weise zusammengesetzten Komplexen, die also jetzt die wirklichen, vorfindlichen Gegenstände unserer inneren Wahrnehmung darstellen? Welche psychische Arbeit vollzieht sich an ihnen, welche Veränderungen gehen damit vor, so daß sie unser geistiges Eigentum werden, in unser Ich, in unsere Persönlichkeit aufgenommen werden? Durch welche Richtungskräfte und Gesetzmäßigkeiten werden diese komplexen Seelenerscheinungen in Bewegung gesetzt und erhalten, gesichtet und geordnet; wodurch entsteht das wechselnde Spiel unserer Phantasie, der lebendige Fluß und die Flucht unserer Gedanken? Welches sind die psychologischen Regulative unseres Denkens?

Die Beantwortung dieser Fragen ist leicht für denjenigen, der mit Dubois das Denken für einen unwillkürlichen Vorgang hält. Die Reize der uns umgebenden Außenwelt dringen danach in uns ein und wirken in unserem Innern auf mechanischem Wege zusammen mit den aus unserem Körper stammenden Anstößen das Gewebe unseres Welt erkennens und unserer Persönlichkeit, etwa wie die Weberschiffchen, mit verschiedenen bunten Fäden beladen, hin und her schießen und so das kunstvolle Gewebe eines Teppichs oder dgl. zustande bringen. Aber so einfach liegt die Sache doch nicht. Vielmehr greift der Wille in dieses passive Spiel der äußeren und inneren Reize an verschiedenen Stellen ein und bestimmt die Richtung und das Ziel unseres Gedankenablaufes in mehr oder minder hohem Grade. Um eine Beschreibung dieser komplizierten Zusammenhänge geben zu können, wird es geraten sein, an den Begriff der psychischen Dispositionen oder Bereitschaften anzuknüpfen, von denen aus die Regulation unseres geistigen Geschehens sich vollzieht. Jedoch soll dieser Ausdruck nur die abstrakte Zusammenfassung verschiedener, unter einem leitenden Gesichtspunkte eng miteinander verknüpften Tätigkeiten bedeuten, nicht aber eine konkrete Hypostasie beanspruchen, wie etwa die Vermögen der älteren Psychologie vor Herbart.

Soviel ich sehe, sind es vier psychische Dispositionen, die für diesen Zweck in Betracht kommen. Ich möchte sie, entsprechend den vier Grundklassen der seelischen Elemente, aus denen sich ihre Haupttätigkeit rekrutiert, folgendermaßen kennzeichnen: 1. als Konzentration oder Fähigkeit des Bemerkens, Unterscheidens, Wiedererkennens, in vielfacher Beziehung auch mit dem Begriffe der Aufmerksamkeit oder Apperzeption identisch; 2. als innere Kritik oder Urteilsfähigkeit, d. h. als Fähigkeit, die empirische, logische, ästhetische, ethische usw. Berechtigung der einzelnen Seelenerscheinungen zu prüfen und sie demzufolge anzuerkennen oder zu verwerfen, z. T. mit dem Begriffe des Gewissens zusammenfallend; 3. als Stimmung ist aber nicht nur die Qualität, sondern auch die Intensität der mit den jeweiligen Erlebnissen verbundenen Urteilsprozesse eine verschieden abgestufte, insofern der Grad der Überzeugtheit von der höchsten Stufe der Evidenz bis zu der niedersten Stufe der geringen Wahrscheinlichkeit oder bloßen Möglichkeit wechseln, ja sogar über den Nullpunkt hinaus in das Gegenteil umschlagen kann, wie die Annahmen des bewußt Falschen beweisen. Diese kritische Sichtung drückt unserem geistigen Besitz und Wesen erst sein eigentliches Gepräge auf; Bildung, Verstand, Suggeribilität eines Menschen werden durch sie bedingt. Ohne sie ist unser Seelenleben ein Tummelplatz von Erlebnissen, die wild und wirr durcheinanderwirbeln und uns in Irrtümer, Suggestionen und Fehlhandlungen aller Art verstricken. Daher hat auch diese Disposition eine eminente geistige und hygienische Bedeutung.

ad 3) Die Stimmung als die dritte der aufgeführten Dispositionen ist, wie wir bereits mehrfach gesehen haben, eine Resultante unseres allgemeinen Körperzustandes, dessen Organempfindungen sie als unbemerkte Teilinhalte zu einer Gestaltqualität zusammenfaßt; daneben ist die Stimmung freilich auch von den äußeren oder inneren Eindrücken als den aktuellen Erlebnissen unserer Seele abhängig, wenn auch meist in geringerem Grade als die meisten glauben mögen. Der Einfluß der aus dieser Dispositionssphäre stammenden Faktoren auf die Vorstellungs- oder überhaupt Seelenbewegungen des Menschen äußert sich in erster Linie in dem verschiedenen Grade von Lust oder Unlust, anders ausgedrückt, in den verschiedenen Graden des Interesses, mit dem sie unsere Vorstellungen usw. ausrüstet. Man hat diesen Einfluß neuerdings häufiger untersucht, gerade so wie man auch den unendlich wichtigen und bedeutsamen Einfluß der Gefühle auf die körperlichen Vorgänge seit Mosso einem eingehenden Studium unterworfen hat. In geistiger Beziehung hat v. Ehrenfels das sog. Gesetz der relativen Glücksförderung formuliert, wonach die relativ angenehmeren Vorstellungen einen Kraftüberschuß im Kampfe um die Enge des Bewußtseins erhalten sollen. Demgegenüber hat Saxinger gezeigt, daß nicht sowohl die Qualität, als vielmehr die Intensität der Gefühle deren Einfluß auf die Vorstellungsbewegung bedingt, da gerade unangenehme Vorstellungen viel häufiger und energischer auf den Ablauf unserer Seelenvorgänge einwirken als angenehme, wegen der ihnen zukommenden größeren Intensität und Lebhaftigkeit. Und zwar dokumentiert sich die Einwirkung unserer Gefühle auf den Vorstellungsverlauf, genauer betrachtet, nach zwei Richtungen: 1. dadurch, daß den betreffenden Vorstellungen, soweit sie bereits bestehen und der momentanen Stimmungslage adäquat sind, eine Tendenz zum Beharren verliehen wird; 2. aber auch dadurch, daß die der Stimmungslage entsprechenden Vorstellungen gleichsam aus eigener Kraft, ohne assoziativen Anlaß, sich häufiger im Bewußtsein einstellen als andere. Diese Perseverationstendenz der Vorstellungen, die durch die Intensität der Gefühle bedingt wird, ebenso wie die Produktions- und Assimilationswirkung der Gefühle auf die Vorstellungen, machen sich ja besonders deutlich in vielen krankhaften, nervösen Zuständen bemerkbar; ein Hinweis dafür, daß auch hier ein wichtiges hygienisches Problem vorliegt. Dieser Hinweis kann aber leicht noch bedeutungsvoller gestaltet werden, wenn man sich erinnert, daß die Stimmung im wesentlichen ihren Ursprung in körperlichen Zuständen hat. Es ist infolgedessen leicht verständlich, daß jede Veränderung des körperlichen Befindens, wie etwa die Ermüdung und Überanstrengung, der Hunger und Durst, die verschiedenen Phasen der Verdauungsarbeit und der sexuellen Spannung usw., einen Einfluß auf unsere Stimmung und damit indirekt zugleich einen Einfluß auf unsere geistigen Vorgänge haben muß.

ad 4) Endlich ist es die innere Disziplin, als vierte und letzte Seelendisposition, die hier besprochen werden muß, wo es gilt, die den seelischen Verlauf bestimmenden Faktoren aufzuzeigen. Der Wille äußert sich in mannigfacher Weise in bezug auf die Vorstellungsbewegung. Er schwebt sozusagen über dem ganzen Seelenleben als derjenige Faktor, der im letzten Grunde über Sein und Nichtsein der Seelenerscheinungen ebenso wie über deren Richtung und Zielstrebigkeit bestimmt. Zunächst verfügt der Wille schon von vornherein über die Öffnung oder Schließung der Eintrittspforten der Sinnesorgane, durch deren Reizung die Gegenstände in unser Bewußtsein dringen. Was wir nicht sehen, hören usw., kurz, in uns aufnehmen wollen, können wir bis zu einem gewissen Grade durch geeignete motorische Aktionen von uns fernhalten und schon auf diese Weise eine erste Auswahl treffen über das Material, das dann durch das Zusammenwirken der verschiedenen Dispositionen einer weiteren Verarbeitung unterworfen wird. Sodann dirigiert der Wille in hohem Maße die Konzentration, insofern er uns gestattet, die Aufmerksamkeit dorthin zu wenden, wo es uns beliebt. Auch die innere Vorstellungsbewegung, das Verbinden der Gedanken und die Ziele der Ideenrichtungen können innerhalb weiter Grenzen durch unseren Willen gelenkt werden. Ja, der Denkprozeß ist noch inniger mit den Willensäußerungen verknüpft, ich möchte sagen, amalgamiert, dadurch daß die Vollziehung der sprachlichen Symbole, ohne die ja ein eigentliches, systematisches und automatisches Denken im engeren Sinne nicht möglich ist, an die aktiven Muskelbewegungen der Sprechmuskulatur gebunden, vielleicht selbst mit diesen zu identifizieren ist.

Freilich gibt es auch in dieser Dispositionssphäre wiederum verschiedene Intensitätsgrade und Abstufungen; denn alle die genannten

Funktionen können nicht nur aus freiem Entschluß, sondern auch halbwillkürlich oder unwillkürlich zustande kommen. Die Instanz, die hierüber entscheidet, die die Zügel der Gedankenbewegung und überhaupt aller seelischen Aktionen sozusagen in den Händen hält, möchte ich als die innere Disziplin bezeichnen. Es ist klar, daß diese Macht, die mit ihrem „fiat“ oder „ne fiat“ an jedem Seelenerlebnis beteiligt ist oder vielmehr beteiligt sein kann, von einer weittragenden sachlichen und hygienischen Bedeutung für das Denken und das gesamte Seelenleben sein muß. Schon die bloße Tatsache, daß wir mit Hilfe unserer inneren Disziplin und nur durch diese imstande sind, absichtlich alle Denktätigkeiten, sei es des systematischen Denkens, sei es der Phantasietätigkeit im weiteren Wortsinne, zeitweise auszuschalten, also ein geistiges „far niente“, eine geistige Ruhe herbeizuführen, muß, wie nach allem nicht weiter betont zu werden braucht, von höchstem hygienischen Interesse sein.

Versuchen wir, zum Schlusse dieses Abschnittes, die Aufgaben der vier aufgestellten psychischen Dispositionen in grob schematischer Weise noch einmal kurz zusammenzufassen, so werden wir etwa sagen dürfen: die Konzentration sammelt das geistige und seelische Material ein und versenkt es in die Vorratskammern des Gedächtnisses; die innere Kritik sichtet und signiert es, um es in die verschiedenen Abteilungen einzuordnen; die Stimmung färbt es mit den Gefühlstönen als den Farben unserer Persönlichkeit, unserer psychophysiologischen Organisation; die innere Disziplin endlich hat gewissermaßen die Schlüsselgewalt über das Ganze; sie verfügt, gestützt auf die anderen drei Mächte, über die Einnahme und die Verausgabung oder, wenn man lieber will, die Rückgabe des unserer Persönlichkeit assimilierten Materiales an die Außenwelt, indem sie auf diese Weise die Brücke von der Außenwelt zur Innenwelt und wiederum zurück von der Innenwelt zur Außenwelt schlägt.

VII.

Soviel über die Psychologie des Denkens, deren Grundriß und allgemeiner Aufbau hier natürlich nur roh und unvollkommen skizziert werden konnte. Es wird nicht allzu schwer halten, im Anschluß an die gewonnenen Erkenntnisse die hygienischen Regeln, die für die Geistestätigkeit von Wert sind, abzuleiten. Allerdings wird es im Rahmen dieser Skizze nicht möglich sein, alle hygienischen Probleme, die in diesem Zusammenhange auftauchen, zu behandeln. Ich muß es mir leider versagen, auf die hygienisch- ethische Seite der Forderung der Auswahl des in unser Bewußtsein aufzunehmenden Materiales, sei es, daß es der Außenwelt oder dem Seelenbinnenleben des Menschen entstammt, näher einzugehen. Ebenso muß ich darauf verzichten, die überragende Rolle der inneren Kritik für unser Geistesleben näher zu beleuchten, zumal ich darauf in meinem Beitrage zur Psychologie des Urteils schon des näheren eingegangen bin. Auch in bezug auf die Regelung des Einflusses der Stimmung und des Körperbefindens werde ich mich notgedrungen mit einem andeutenden Hinweise begnügen müssen. Vielmehr muß ich mich im wesentlichen darauf beschränken, zu der hygienischen Erziehung der Konzentration und der inneren Disziplin im folgenden einige praktische Anweisungen beizusteuern.

Und damit das Praktische nach dem vielen Theoretischen, das ich zum Verständnis des Ganzen vorausschicken mußte, auch genügend zu seinem Rechte kommt, will ich hierbei sogleich von den wichtigsten praktischen Aufgaben ausgehen, die die Hygiene des Denkens an die Wissenschaft stellt: das ist einmal die geistige Ruhe in ihrer Totalität und ferner die partielle geistige Ruhe, wie sie auf dem Wege der Konzentration und inneren Disziplin bei jeder Art von Tätigkeit aus sachlichen und hygienischen Gründen zu erstreben ist.

Für die Herbeiführung der vollständigen geistigen Ruhe, die, wie leicht zu ersehen ist, am zweckmäßigsten mit einer gleichzeitigen Ruhe der Sinnesorgane und des Körpers verbunden wird, habe ich seit langer Zeit ein System von Ruheübungen ausgearbeitet, über das ich erst vor kurzem an anderer Stelle[1]) ausführlich berichtet habe. Ich will, um Wiederholungen zu vermeiden, mich hier auf die Hervorhebung der maßgebenden Prinzipien beschränken und zugleich die praktischen Konsequenzen, die aus diesem System von Übungen abzuleiten sind, etwas weiter verfolgen, als es an dem angegebenen Orte geschehen konnte.

Die Hauptgrundsätze meiner Ruheübungen sind etwa folgende:

1. Das Fernhalten möglichst aller gröberen Sinnesreizungen, besonders von Gesichts- und Gehörseindrücken. Dies geschieht durch Verschluß der Augen während der Ruheübungen, sowie durch Abstellung aller vermeidbaren Geräusche der Umgebung, eventuell unter Benutzung von Paraphonen, die die äußeren Gehörgänge verschließen.

2. Eine willkürliche Veränderung der Atmung, so daß die einzelnen Atemzüge im Vergleiche zur Atmung im gewöhnlichen Wachzustande langsamer und regelmäßiger, zugleich aber auch völlig kontinuierlich erfolgen, ohne jede Unterbrechung innerhalb der einzelnen Ein- oder Ausatmung; selbstverständlich auch ohne jede besondere körperliche Anstrengung oder Forcierung. Diese Veränderung der Atmung ist natürlich nicht Selbstzweck meiner Übungen, sondern einfach ein

[1]) Vgl. L. Hirschlaff: Über Ruheübungen und Ruheübungsapparate. Münch. med. Wochenschr. Nr. 5. 1911.

latur begleitet sind, die sich übrigens auch an den einzelnen Atemzügen als kleinste Atemstöße, Rucke, Stillstände oder Unterbrechungen des Luftstromes bemerkbar machen. Besonders deutlich werden diese Bewegungsansätze, wenn wir z. B. bei geöffnetem Munde zu denken, zu lesen oder zu rechnen versuchen, ferner wenn wir einigermaßen lebhaft oder erregt denken, endlich, wenn wir uns bemühen, derartige Denkvorgänge mit einer ungewohnten, übertriebenen Schnelligkeit oder Langsamkeit zu vollziehen; auch beim lebhaften musikalischen Denken findet wohl bei den meisten Menschen ein analoges inneres Singen statt. Von besonderer Beweiskraft scheint mir dabei die Beobachtung zu sein, daß wir — abgesehen von gewissen Abbreviaturen und Verstümmelungen — das Denken in deutlichen Wortvorstellungen nicht wesentlich schneller vollziehen können als das wirkliche, laute Sprechen der gleichen Worte, wie ein Selbstversuch jederzeit lehren dürfte.

Diese leisen Innervationen der Sprechmuskulatur nun, die jedes zusammenhängende Denken in Form eines inneren Mitsprechens be gleiten, lassen sich durch eine völlige Entspannung der Sprechmuskulatur nach einiger Übung wohl für längere Zeit unterdrücken, so daß auf diesem indirekten Wege eine wahrhafte geistige Ruhe erzielt wird, d. h. ein Zustand, in dem wir tatsächlich nichts denken. Selbstverständlich aber bedeutet dieser Zustand des Nichtdenkens nicht etwa theoretisch ein völliges Aufhören jeder geistigen Funktion, sondern lediglich einen dem praktischen Bedürfnisse Rechnung tragenden, überaus wertvollen Ruhezustand des Geistes.

7. Die Unterdrückung der Schluckbewegungen, die als weiteres Übungsmoment hinzutritt, resultiert eigentlich schon aus der genauen Befolgung der vorhergehenden Vorschrift. Der Reiz zur Speichelabsonderung, soweit diese von der Nahrungsaufnahme unabhängig ist, erfolgt nämlich zum größten Teile durch die leichten Reibungen der Zunge im Munde, die durch die das Denken begleitenden Sprechbewegungen ausgelöst werden. Fallen diese Sprechbewegungen fort, so wird auch der Reiz zur Speichelabsonderung um ein Erhebliches vermindert, so daß die sonst im gewöhnlichen Wachzustande regelmäßig und ziemlich häufig ausgeführten Schluckbewegungen für längere Zeit nicht mehr oder doch nur überaus selten erforderlich sind.

8. Endlich kommt als letzter Faktor noch eine intensive Erschlaffung der Augenmuskeln hinzu, die den Augapfel in seine natürliche Ruhestellung bringt, wobei er bekanntlich — siehe die Stellung der Augäpfel im Schlafe — nach oben und innen rotiert ist, was sich der inneren Beobachtung als ein Dunkelwerden vor den Augen darstellt.

Dieses sind die wirksamen Faktoren, aus denen meine Ruheübungen sich zusammensetzen. Sie basieren, wie erwähnt, auf einer subtilen Anwendung der Konzentration und inneren Disziplin zum Zwecke der Ausschaltung aller vermeidbaren Bewußtseinsvorgänge und Muskelbewegungen. Um Mißverständnisse auszuschließen, möchte ich noch besonders hervorheben, daß als einziges Objekt der Konzentration bei meinen Übungen die Atmungsvorgänge figurieren, an deren zu diesem Zwecke vorteilhaft präparierte Ausführung sich die Aufmerksamkeit eng und unausgesetzt heften soll. Alle anderen vorgeschlagenen Maßnahmen erfordern keine dauernde Aufmerksamkeit, sondern nur eine einmalige, exakte Einstellung zu Beginn der Übung. Über die technische Ausführung der gegebenen Vorschriften im einzelnen habe ich mich an anderer Stelle genauer ausgelassen.

Zur exakteren Durchführung und Kontrolle dieser Ruheübungen, die die Grundlage der geistigen Hygiene jedes gesunden und kranken Menschen bilden, habe ich einige Hilfsapparate konstruiert, das Hesychiskop, das zur Signalisierung jeder die Ruhe unterbrechenden Muskelbewegung dient; das Respirationsmetronom, dessen leise Signale dem Übenden einen Anhalt bieten sollen für die langsame und regelmäßige Durchführung seiner Atmung; und das Augenkissen, das zur Bedeckung und geringen Beschwerung der Augen des Ruhenden dient. Bezüglich der Beschreibung und Anwendung dieser Apparate verweise ich auf die angeführte Arbeit.

VIII.

Wir haben bisher nur von der Hygiene der Ruhezustände gesprochen, die sich auf dem angegebenen Wege in einer für praktische Zwecke vollkommenen Weise verwirklichen läßt. Viel wichtiger für den modernen Kulturmenschen aber, ebenso wie für die meisten Kranken ist eine analoge Hygiene der Tätigkeitszustände, von der jetzt die Rede sein soll. Es handelt sich hierbei um eine sinngemäße Übertragung der Prinzipien der geistigen Konzentration und inneren Disziplin auf alle diejenigen Zustände des Wachseins, in denen wir irgendwelche Tätigkeiten oder Arbeiten verrichten.

Wer die oben auszugsweise dargestellte Methode der Konzentration und inneren Disziplin in den Ruhezuständen einmal erlernt und sich zur dauernden Gewohnheit gemacht hat, wird unschwer in der Lage sein, die gleichen Prinzipien mutatis mutandis auch bei jeder Art von Tätigkeit im gewöhnlichen Wachzustande anzuwenden. Bei allen körperlichen Tätigkeiten, zu denen ein Nachdenken nicht eigens erforderlich ist, bei allen nebensächlichen und belanglosen Beschäftigungen, wie wir sie in unseren Mußezeiten oder zur Vorbereitung unserer eigentlichen beruflichen Arbeiten oder zur Erfüllung unserer täglichen hygienischen Pflichten und Gewohnheiten etwa ausführen, ferner bei allen halbwillkürlichen, automatischen oder gewohnheitsmäßigen Verrichtungen, die einen so großen Teil unserer Zeit in Anspruch nehmen, — wie z. B. das Spazierengehen oder die Fahrt zur Arbeitsstätte, das Waschen und Essen, die Zerstreuungen gesellschaftlicher oder künstlerischer Art usw. — dürfte es aus hygienischen Gründen geboten sein, das allzu üppige Wuchern der Phantasietätigkeit im weiteren Sinne, das Hin und Her der Gedankenjagd, das planlose, unserem Willen entrückte Durcheinander der Vorstellungen und Seelenerlebnisse einzuschränken und auf ein Mindestmaß zu reduzieren. Dies gelingt, wenn man sich daran gewöhnt, bei allen diesen Beschäftigungen sich einer zielbewußten, an die Atmungsvorgänge sich anknüpfenden und anklammernden Konzentration und inneren Disziplin zu befleißigen. Durch diese Fixierung der sonst ziellosen Aufmerksamkeit oder wenigstens des nicht anderweitig, durch die auszuführenden Tätigkeiten gebundenen Teiles der Aufmerksamkeit auf die Atmungserscheinungen werden die ablenkenden, nicht zur Sache gehörigen, irritierenden Seelenvorgänge stets in genügendem Maße ferngehalten werden. Wenn diese Fixierung schwer fällt, können hier ohne großen Schaden häufig auch andere, äußere oder innere Eindrücke indifferenter Art als Objekte der Aufmerksamkeit gewählt werden. Z. B. beim Spazierengehen: wem hier eine ausreichende Abwehr störender Vorstellungen, die aus dem eigenen Innern stammen, durch die bloße Atmungsbeachtung nicht gelingt, der dürfte gut tun, freiwillig andere harmlose Objekte zur Fixation der Aufmerksamkeit zuzulassen, etwa eine langsame Melodie, die im Takte der Schritte oder der Atmung innerlich gesungen wird, oder, was ich für viel geeigneter halte, die Fülle der äußeren Gesichts- und Gehörseindrücke, die uns umgeben, das Blau des Himmels, das Grün der Bäume, die Eindrücke der Menschen, Häuser, Fuhrwerke usw , womit leicht eine Entlastung und eine positive Anregung der emotiven Stimmungslage verbunden werden kann.

Bei der eigentlichen geistigen Arbeit aber liegen zwei Möglichkeiten vor. Entweder die betreffende geistige Arbeit, die wir gerade vorhaben, verlangt nicht eine absolute höchstgespannte Konzentration, sondern nur etwa einen mittleren Konzentrationsgrad, wie er ja sicherlich für die meisten gewohnten Tätigkeiten des Lesens, Schreibens usw. ausreicht. Dann wird der übrigbleibende Teil der Aufmerksamkeit leicht abgespalten werden können zur Beobachtung und dauernden Disziplinierung der Atmung, die sich mehr oder weniger den oben gegebenen Vorschriften nähern wird. Hierdurch wird ein Fernhalten aller störenden und ablenkenden Reize und Vorstellungen aus dem Bewußtsein erzielt, das einmal der Qualität der zu leistenden Arbeit zugute kommt, sodann aber auch eine relative, partielle geistige Ruhe verbürgt, die einen gewissen Schutz gegen geistige Überanstrengungen gewährt. Die zweite Möglichkeit ist die, daß die geistige Arbeit die volle Konzentration erfordert. In diesem Falle wird es geraten sein, in den kleinen Pausen und Unterbrechungen, die jede derartige uns voll in Anspruch nehmende Anstrengung erfordert, einen Seitenblick auf den Verlauf der Atmung und die an dieser Funktion zu betätigende innere Disziplin zu werfen. Auch hierdurch werden dann alle die Abschweifungen und Durchkreuzungen vermieden, die ein undisziplinierte, in das Automatische sich verlierendes Denken mit sich bringt.

Es bedarf keiner besonderen Hervorhebung, daß überall da, wo in diesem Abschnitte von der Atmung und inneren Disziplin die Rede war, hierin auch alle die anderen früher aufgezählten Maßnahmen sinngemäß einbezogen sein sollten, wie z. B. die Entspannung der unbeschäftigten Körpermuskulatur, die Unterdrückung überflüssiger Körperbewegungen, die Beherrschung der Sprechmuskulatur usw.

Daß im übrigen durch eine gewohnheitsmäßige innere Disziplin dieser Art nicht nur die geistigen, sondern auch die emotionellen Vorgänge, die Gemütsbewegungen gleichsam am Zügel gehalten werden können, also auch eine praktische Gemütshygiene auf ähnlicher Basis möglich ist, vermag ich an dieser Stelle nur anzudeuten. Ich behalte mir dieses Thema für eine spätere Ausführung vor. Es genügt mir, in dieser Skizze gezeigt zu haben, wie es möglich ist, eine wissenschaftliche, systematische, direkte Hygiene des Geisteslebens psychologisch zu begründen und praktisch durchzuführen.

GPSR Compliance

The European Union's (EU) General Product Safety Regulation (GPSR) is a set of rules that requires consumer products to be safe and our obligations to ensure this.

If you have any concerns about our products, you can contact us on ProductSafety@springernature.com

In case Publisher is established outside the EU, the EU authorized representative is:

Springer Nature Customer Service Center GmbH
Europaplatz 3
69115 Heidelberg, Germany

Batch number: 10844655

Printed by Printforce, the Netherlands